BEI GRIN MACHT SICH IHR WISSEN BEZAHLT

- Wir veröffentlichen Ihre Hausarbeit, Bachelor- und Masterarbeit

- Ihr eigenes eBook und Buch - weltweit in allen wichtigen Shops

- Verdienen Sie an jedem Verkauf

Jetzt bei www.GRIN.com hochladen und kostenlos publizieren

Isabella Melchert

Internationale Integration als Entwicklungsfaktor: Taiwans Hsinchu Science and Industrial Park

GRIN Verlag

Bibliografische Information der Deutschen Nationalbibliothek:

Die Deutsche Bibliothek verzeichnet diese Publikation in der Deutschen National-
bibliografie; detaillierte bibliografische Daten sind im Internet über http://dnb.d-
nb.de/ abrufbar.

Impressum:

Copyright © 2011 GRIN Verlag GmbH
Druck und Bindung: Books on Demand GmbH, Norderstedt Germany
ISBN: 978-3-656-66916-6

GEOGRAPHIE
RWTHAACHEN
UNIVERSITY

Seminar: Industrie und Innovation

Wintersemester 2011/12

Seminararbeit

28.11.2011

Internationale Integration als Entwicklungsfaktor:
Taiwans Hsinchu Science and Industrial Park

Isabella Melchert

Isabella Melchert

1. Semester

Studienfach: M.Sc. Wirtschaftsgeographie

Inhaltsverzeichnis

Abkürzungsverzeichnis

APEC	Asia-Pacific Economic Cooperation
ASEAN	Association of Southeast Asian Nations
CTSP	Central Taiwan Science Park
ECFA	Economic Cooperation Framework Agreement
EPZ	Export Processing Zone
F&E	Forschung und Entwicklung
GCI	Global Competitiveness Index
HSP	Hsinchu Science Park
IC	Integrierte Schaltkreise / integrated circuits
ITRI	Industrial Technology Research Institute
KPC	Kommunistische Partei China
Mio.	Millionen
Mrd.	Milliarden
NT$	Neuer Taiwan-Dollar (1,00 NT$ entspricht 0,02376 Euro bzw. 0,03215 US$ am 20.11.2011)
PC	Personalcomputer
ROC	Republic of China
S&T	Science and Technology
STSP	Southern Taiwan Science Park
TNU	Transnationale Unternehmen
US$	US-Dollar
WTO	World Trade Organization

1   Einleitung

Anfang der 1950er Jahre etablierte die kalifornische Stanford University den weltweit ersten Wissenschaftspark, der später als Silicon Valley berühmt wurde. Seitdem kann eine Entwicklung vieler Technologieparks beobachtet werden – heute gibt es global gesehen weit mehr als einhundert solcher Parks. Im Zusammenspiel jenes globalen Trends, der rasch an Dynamik gewann, initiierte Taiwan seinen ersten Technologiepark, den Hsinchu Science Park, im Jahr 1980, mit der Hoffnung, eine ähnliche Erfolgsgeschichte schreiben zu können wie jene des Silicon Valleys.

Taiwan blickt auf eine relativ kurze Entwicklungsphase von einem Entwicklungsland zu einem Industriestaat zurück. Aufgrund historischer Beziehungen zu Japan und den Vereinigten Staaten wurden diverse Industrien und Technologien rasch auf der Insel eingeführt. Doch ist Taiwan heute – 30 Jahre nach der Eröffnung des ersten Wissenschaftsparks – auf dem globalen Markt wettbewerbsfähig? Taiwans internationale Integration lief beziehungsweise läuft de facto parallel zur wirtschaftlichen, industriellen und wissenschaftlichen Entwicklung vor dem historischen Kontext und darf nicht als einzelverlaufende Phase betrachtet werden.

Im Mittelpunkt der Arbeit steht die Darstellung der internationalen Integration Taiwans vor dem Hintergrund der Erfolgsgeschichte des Hsinchu Science Parks. Zu Beginn wird der theoretische Rahmen der internationalen Integration in Kapitel 2 abgedeckt. Nach einer kurzen geographischen Einordnung (Kapitel 3) und dem historischen Hintergrund der Insel (Kapitel 4) folgt eine Auflistung der Meilensteine in der taiwanischen Technologiepolitik in Kapitel 5. Daran anknüpfend wird auf die internationale Integration als Erfolgsfaktor der wirtschaftlichen Entwicklung näher fokussiert (Kapitel 6). Als erster und somit wichtigster Science Park in Taiwan wird der Hsinchu Science Park sowohl im historischen Kontext als auch aktuell mit der Aufbereitung statistischer Daten und der Etablierung weiterer Satellitenparks betrachtet (Kapitel 7). Weitere Science Parks nach dem Vorbild des Hsinchu Science Parks werden in Kapitel 8 kurz vorgestellt, bevor im letzten Kapitel 9 ein Fazit gezogen wird.

Anmerkung:
Der Park wird nicht immer einheitlich betitelt. Zu den gängigen Benennungen gehören Hsinchu Science and Industrial Park, Hsinchu Science-based and Industrial Park oder Hsinchu Science and Industrial-based Park. Doch der geläufigste Begriff für den Park ist Hsinchu Science Park (Abk.: HSP), wie er auch offiziell auf der parkeigenen Homepage tituliert wird. Aufgrund dessen wird in dieser Arbeit der letztgenannte Name verwendet.

2   Theorie der internationalen Integration

„Nationalstaaten können durch den Einsatz außenwirtschaftlicher Instrumente den Grad ihrer Integration in die globalen Systeme steuern" (Kulke 2006:227). Bei diesem Prozess wird von einer regionalen ökonomischen Integration gesprochen, was bedeutet, dass zwei (bilateral) oder mehr Länder (multilateral) auf dem Gebiet ihrer gemeinsamen Wirtschaftsbeziehungen kooperieren oder sich gar zu einem gemeinsamen Wirtschaftsraum zusammenschließen. Dabei liegen die Hauptziele in der Sicherung von ökonomischen Vorteilen der beteiligten Länder sowie folglich in der Steigerung des wirtschaftlichen Wachstums (Dieckheuer 2001:193).

Mitgliedsstaaten von solchen (supranationalen) Integrationsräumen realisieren eine über die Vereinbarungen der *World Trade Organization* (WTO) hinausgehende Liberalisierung der Wirtschaftsbeziehungen, wobei auf die optimale Nutzung von Ressourcen, auf Kostenein-sparungen und auf die Maximierung des Wirtschaftswachstums abgezielt wird (Kulke 2006:227-228). In der praktischen Integrationspolitik werden operationale Maßnahmen ein-gesetzt. Beispielsweise werden Handelshemmnisse (u.a. Zölle) im Waren- und Dienstleis-tungsverkehr innerhalb des Integrationsraumes stufenweise abgebaut, Mobilitätseinschrän-kungen von Produktionsfaktoren werden aufgehoben oder einheitliche institutionelle und ordnungspolitische Rahmenbedingungen für Wirtschaftsaktivitäten im Integrationsraum wer-den geschaffen. Des Weiteren findet eine Koordination oder Vereinheitlichung der Außen-wirtschaftspolitiken der Mitgliedsländer statt. Die Vorteile des (teilweisen) Freihandels im Integrationsraum werden bis ins äußerste ausgeschöpft (Dieckheuer 2001:193-194).

Abbildung 1: Stufen und Formen der supranationalen Integration

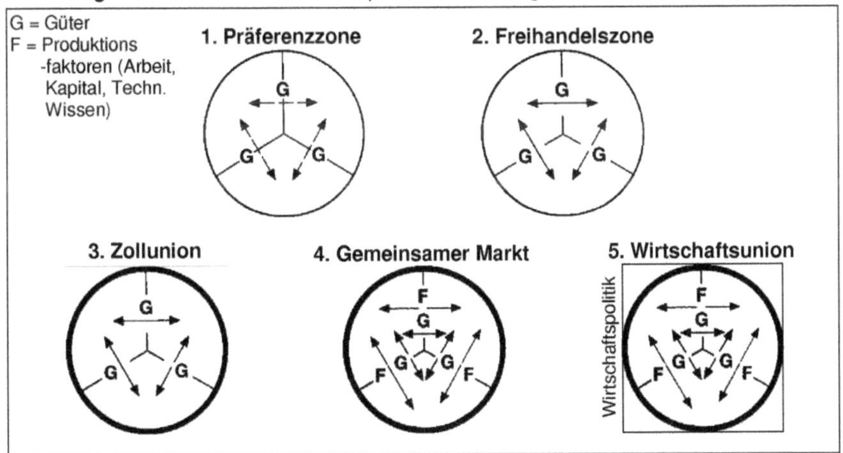

Quelle: Kulke 2006:228, bearbeitet

Untereinander ermöglichen die Staaten einen freien Kapitalverkehr, eine freie Arbeitsplatzwahl in den beteiligten Ländern des Integrationsraumes sowie einen gemeinsamen Schutz von technischem Wissen. Die Integration durchläuft modellhaft fünf aufeinander folgende Stufen, die in Abbildung 1 schematisch visualisiert sind (Kulke 2006:228).

Die schwächste Form einer regionalen Integration stellt dabei die Präferenzzone dar. Zwei oder mehr Staaten vereinbaren in Verträgen, sich Vorzugsbedingungen für den Handel mit bestimmten Gütern einzuräumen (Dickheuer 2001:194). Lediglich der Wertschöpfungsanteil der Produkte muss im Präferenzraum erbracht werden, wobei die Waren aus einem Präferenzland stammen müssen (Vorzugsbehandlung). Liegt ein nicht-reziprokes Präferenzsystem vor, dann vollzieht sich die Handelsliberalisierung einseitig-selektiv zugunsten der schwächeren Länder. Von ihnen wird keine Gegenleistung erwartet. Bei reziproken Systemen erfolgt die Handelsliberalisierung gegenseitig-selektiv. „Beispielhaft für reziproke Präferenzen im Außenhandel sind die Präferenzen der EU gegenüber der ASEAN-Staaten" (Haas/Neumair 2006:269). Präferenzzonen werden gewöhnlich zwischen Industrie- und Entwicklungsländern gebildet.

Die Freihandelszone umfasst hingegen den gesamten Güterverkehr. Bestehende Handelsrestriktionen werden größtenteils abgebaut – im Idealfall bei allen Produktkategorien – und der freie Handel innerhalb des Integrationsraumes ausgenutzt (Dieckheuer 2001:194-195). Beispiele für Freihandelszonen sind zum Beispiel die NAFTA (North American Free Trade Agreement) zwischen den USA, Kanada und Mexiko seit 1994 oder die APEC (Asia Pacific Economic Cooperation) zwischen 21 Staaten des asiatisch-pazifischen Wirtschaftsraums seit 1989. Bei letzterem soll die Freihandelszone bis spätestens 2020 vollkommen ausgebaut sein (Hass/Neumair 2006:270).

In der Stufe der Zollunion gelten zusätzlich gemeinsame Zollvereinbarungen gegenüber Drittländern, das heißt allen nicht der Integrationszone angehörigen Ländern werden einheitliche Außenzölle offeriert. Eher werden mengenmäßige Handelsbeschränkungen oder administrative Restriktionen abgebaut, als Zollschranken abgeschafft (Dieckheuer 2001:195).

Bei einem Gemeinsamen Markt liegen neben dem freien Warenhandel ferner vier zentrale Freiheiten vor, nämlich freier Waren-, Dienstleistungs-, Personen- und Kapitalverkehr. Allerdings können Probleme aus nicht gleichen Standortbedingungen innerhalb des Integrationsraumes resultieren. Liegen unterschiedliche Steuer-, Sozial- und Arbeitsmarktpolitiken vor, verlagern die Unternehmen ihre Produktionen in Niedriglohnländer, um am kostengünstigsten zu produzieren (Haas/Neumair 2006:272).

Die höchste Integrationsstufe stellt die Wirtschaftsunion dar. Zusätzlich zu allen vorangegangenen Stufen erfolgte eine Abgabe von wirtschaftspolitischen Entscheidungsbefugnissen an supranationale Institutionen. Die Mitgliedsstaaten sind an diese Beschlüsse gebunden und müssen sie umsetzen, beispielsweise in der Geld-, Konjunktur-, Regional- oder Sozialpolitik.

Das Vorhandensein einer Währungsunion mit einer gemeinsamen Währung und einer gemeinsamen Zentralbank ist innerhalb einer Wirtschaftsunion die weitestgehende Stufe. Die Europäische Union als exemplarisches Ergebnis wurde in über vier Jahrzehnten verwirklicht (Kulke 2006:228-229).

3   Taiwan: eine kurze geographische Einordnung

Taiwan (offiziell: Republik China, Republic of China (ROC) oder Chinese Taipei, früher auch: Ilha Formosa genannt) ist eine Insel östlich vor dem chinesischen Festland im West-Pazifik. Die Hauptstadt Taipeh befindet sich im Norden Taiwans. Hier leben etwa 2,6 Mio. Menschen und somit ein Großteil der Bevölkerung. Insgesamt leben circa 23 Mio. Einwohner auf der Insel, was bei einer Gesamtfläche von 36.008 Quadratkilometern eine Dichte von rund 639 Einwohnern pro Quadratkilometer ausmacht. Zwar ist die Fläche nur ein Zehntel so groß wie jene von Deutschland, aber die Bevölkerung beträgt mehr als ein Viertel (GIO 2010a:18). Taiwan erstreckt sich von Norden nach Süden über eine Länge von etwa 400 Kilometern und von Osten nach Westen über rund 145 Kilometer an der breitesten Stelle. Zur Visualisierung der Oberfläche dient nachstehendes Satellitenbild (Abbildung 2), aus dem das Relief ersichtlich wird, welches in Abbildung 3 schematisch dargestellt ist, um die Höhendifferenzen deutlicher zu machen.

Abbildung 2: Satellitenbild von Taiwan

Quelle: Google Maps 2011

Abbildung 3: Schematisches Relief

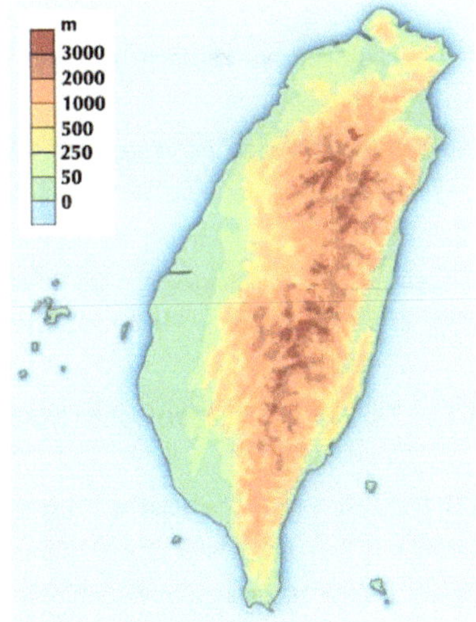

Quelle: GIO 2010a:19, bearbeitet

Fünf längslaufende Gebirgszüge mit überwiegender Bewaldung beanspruchen fast die Hälfte der Insel. Diese sind auch dafür verantwortlich, dass die Landesfläche Taiwans zu über 60 Prozent gebirgig ist. Sie erstrecken sich Nord-südlich über 330 Kilometer und weisen einen etwa 80 Kilometer breiten Durchschnitt auf. Mehr als 200 Berggipfel mit einer Höhe von über 3.000 Metern über dem Meeresspiegel dominieren das taiwanesische Landschaftsbild. 31 Prozent der Insel werden von steilen Bergen mit einer Höhe von über 1.000 Metern eingenommen. Der *Jade Mountain (Yushan)* als höchster Berg in Taiwan – und auch in Ostasien – misst 3.952 Meter. Nur 23 Prozent der taiwanesischen Landesfläche ist landwirtschaftlich nutzbar (GIO 2010a:18-21).

Die Insel erfährt relativ häufig seismische Aktivitäten aufgrund ihrer Lage auf dem Pazifischen Feuerring an der Kreuzung des Manila- und des Ryukyugraben entlang der Westseite der Philippinischen Platte. Geologen haben insgesamt 33 große aktive Störungen auf Taiwan identifiziert. Laut dem *Central Weather Bureau* ereignen sich seit 1994 jährlich etwa 15.000 bis 18.000 Erdbeben im Bereich um Taiwan, von denen etwa 800 bis 1.000 für die Bevölkerung spürbar sind. Die Philippinische und die Eurasische Platte drücken mit einer Geschwindigkeit von etwa sieben bis acht Zentimetern pro Jahr gegeneinander. Diese Konvergenz verstärkt den Auftrieb des taiwanesischen Gebirges von Nordwest nach Südost jedes Jahr (GIO 2010a:26).

Da sich Taiwan wirtschaftlich schnell von einem Entwicklungsland zu einem Industriestaat entwickelte, worauf in dieser Arbeit fokussiert wird, zählt die Insel zu den vier sogenannten Tigerstaaten neben Südkorea, Singapur und Hongkong (Hobday 1995:23).

4　　Historischer Hintergrund von Taiwan

Der historische Verlauf ist interessant im Zusammenhang mit der wirtschaftlichen Entwicklung Taiwans. Die Insel entwickelte sich in der Zeit unter japanischer Kolonialherrschaft bis 1945 in eine andere Richtung als nach dem Zweiten Weltkrieg mit den ersten Versuchen, Wissenschaft und Technologie in die Politik einzubinden.

4.1　　Taiwan unter japanischer Kolonialherrschaft (1895 bis 1945)

Der Erste Japanisch-Chinesische Krieg (August 1894 bis April 1895) brach wegen Streitigkeiten um den politischen Status Koreas aus. Nachdem das Kaiserreich China (Qing-Dynastie) eine Niederlage einbüßen musste, wurde Taiwan gemäß den Bedingungen des Vertrags von Shimonoseki 1985 eine Kolonie des japanischen Kaiserreichs und Korea ein offiziell unabhängiger Staat. Diesen Erfolg wiesen die taiwanesischen Intellektuellen jedoch ab und verkündeten die Gründung der Demokratischen Republik Taiwan. Diese Selbstbestimmung scheiterte jedoch nach einem Jahr, als japanische Truppen gegen die Widerstände kämpften (GIO 2010b:53-54).

Am 10. Oktober 1911 gelang den Anti-Monarchisten ein Aufstand, der so wichtig für die taiwanesische Geschichte ist, dass dieser Tag zum Nationalfeiertag Taiwans wurde und das Jahr 1911 als Beginn der taiwanesischen Zeitrechnung gilt. Kurz darauf rief der Gründer der Kuomintang-Partei (KMT) Sun Yat-sen am 01. Januar 1912 in Nanjing die Republik China aus und am 12. Februar dankte der letzte Qing-Kaiser ab. Der Staat erhielt eine provisorische Verfassung, sodass im Winter 1912/13 die ersten chinesischen Wahlen stattfanden. Am 25. August 1912 erhielt die KMT die Mehrzahl an Stimmen. Diese Nationale Volkspartei ist das Ergebnis aus der Fusion der Partei Sun Yat-sens und fünf anderen politischen Parteien. Zur gleichen Zeit gründete eine Gruppe von Intellektuellen die Kommunistische Partei China (KPC) in Shanghai, dessen Anführer ab 1943 der einflussreiche Politiker Mao Zedong wurde (Suberg 1997:24).

Zu Beginn fehlte es der KMT an finanziellem Rückhalt und militärischer Stärke, was dazu führte, dass sie unter Kontrolle der Armee geriet. Durch Unterstützung der Sowjetunion in 1923 wurde die KMT zu einer zentralisierten Einheitspartei nach sowjetischem Modell umstrukturiert. 1925 übernimmt Chiang Kai-shek die alleinige Führung der KMT nach dem Tod von Sun Yat-sen. Er widmet sich vorwiegend dem Kampf gegen die erstarkte KPC auf dem chinesischen Festland (Suberg 1997:24-25).

Am 07. Juli 1937 brach der Zweite Japanisch-Chinesische Krieg aus, diesmal zwischen der Republik China (Taiwan) und dem japanischen Kaiserreich. Die japanische Kolonialregierung forderte eine Japanisierung (Kominka-Bewegung), indem sie die taiwanische Bevölkerung aufforderte, japanische Namen und Bräuche zu übernehmen, schintoistisch-religiöse Praktiken miteinbezogen. Dies führte dazu, dass sich die einheimischen Taiwaner von ihrem Gegenüber auf dem Festlandchina entfremdeten. Durch den anhaltenden Krieg wurde die Entwicklung der Schwerindustrie beschleunigt und Taiwanesen in die Kaiserliche Japanische Armee rekrutiert (GIO 2010b:54).

Doch der Druck kam nicht nur von Seitens Japan, sondern auch weiterhin von der auf Festlandchina beheimateten KPC. Mit der Kriegserklärung der Vereinigten Staaten an das Kaiserreich Japan am 08. Dezember 1941, ein Tag nach dem japanischen Angriff auf Pearl Harbor auf der Insel Hawaii, erhielt die KMT als offizielle Regierungspartei die Unterstützung der westlichen Staaten (GIO 2010b:54).

Als Folge der Niederlage Japans im Zweiten Weltkrieg wurde auch die japanische Kolonialherrschaft in Taiwan beendet. Nachdem Japan seine Kapitulation im August 1945 verkündete, übernahmen Truppen der Republik China und Beamte die administrative Autorität über

Taiwan und begrüßten die Abtretung der japanischen Truppen am 25. Oktober 1945 (Retrocession Day). Nach der Kontrollübernahme über Taiwan nahm die nationalchinesische Herrschaft, die zu dieser Zeit noch in Nanjing auf dem chinesischen Festland saß, Taiwan als Provinz auf. Die Regierung der KMT war in der unmittelbaren Nachkriegszeit diktatorisch und korrupt. Dies führte unter den Einheimischen zu Unzufriedenheit (GIO 2010b:54).

4.2   Taiwan nach dem Zweiten Weltkrieg

Am 28. Februar 1947 forderten Demonstranten den repressiven KMT-Militärgouverneur Chen Yi auf, Reformen einzuleiten. Als die Forderungen nicht umgesetzt wurden, rebellierten die Menschen auf der gesamten Insel gegen die Regierung. In den folgenden Wochen und Monaten der Turbulenzen wurden tausende Menschen durch die vom chinesischen Festland geschickte militärische Verstärkung getötet (GIO 2010b:55).

Die Nationalisten wurden geschlagen und zogen sich 1949 mit insgesamt zwei Millionen Flüchtlingen nach Taipeh auf die Insel Taiwan zurück. Währenddessen wurde am 01. Oktober 1949 in Peking die chinesische Volksrepublik ausgerufen. Taiwan galt als letzte Bastion der KMT und wurde zum Streitobjekt. Dieser Zwischenfall vom 28. Februar 1947 weckte Interesse an der Insel bei der KPC, die seitdem versuchte, die Insel für sich zu beanspruchen. Mit dem Rückzug der konkurrierenden KMT nach Taiwan verhärtete sich die Position der Kommunisten (Suberg 1997:25-26). Seit dieser Zeit haben sich die beiden Gesellschaften in eine völlig entgegengesetzte Richtung entwickelt: Taiwan schöpft eine Demokratie in allen Vorzügen aus, während das Festland unter autoritärer Herrschaft geblieben ist (GIO 2010b:55).

Taiwan kam erneut aufgrund eines Krieges mit den Vereinigten Staaten in Verbindung. Die USA wollten den befürchteten Vormarsch des Kommunismus in Asien während des Koreakrieges zwischen 1950 und 1952 verhindern. Sie unterstützen Chiang Kai-shek bei der Abschirmung der kommunistischen Armee. „Der Sitz bei den Vereinten Nationen blieb der Republik China auf diese Weise ebenso erhalten wie die (zuvor abgesetzte) finanzielle Unterstützung durch die USA" (Suberg 1997:26).

Der Umzug der KMT-Regierung vom Festland markierte den formalen Beginn des Ausnahmezustandes. Diese Periode dauerte offiziell von 1949 bis 1987. Während dieser Zeit verhängte die KMT-kontrollierte Regierung Pressezensur, verbot Gründungen neuer politischer Parteien und beschränkte die Rede-, Versammlungs- und Vereinigungsfreiheit sowie Veröffentlichungen. Es kam zu umstrittenen Enteignungen von Eigentum, zu einer galoppierenden Inflation und zu Ausbrüchen von ansteckenden Krankheiten (GIO 2010b:55).

1978 wurde Chiang Ching-kuo Präsident der Republik China, drei Jahre nach dem Tod seines Vaters Chiang Kai-shek. Er leitete eine erste behutsame Taiwanisierung ein und verfolgte eine der ersten *Science and Technology*-Politiken (S&T-Politik). „Die in den USA und Japan erstarkte taiwanesische Unabhängigkeitsbewegung übte nun über politische Verbündete massiven Druck aus" (bpb 2009:1). Kurz vor seinem Tod hob Chiang Ching-kuo schließlich den Ausnahmezustand im Jahr 1987 auf. Sein Nachfolger Lee Teng-hui vollzog energische Maßnahmen, um das politische System zu reformieren und den Aufbau des Einparteienstaates der vorausgegangenen vier Jahrzehnte abzubauen. Das Verbot für die Gründung neuer politischer Parteien sowie die Pressezensur wurden aufgehoben. Private Besuche auf dem chinesischen Festland wurden unterstützt und haben seitdem dramatisch zugenommen. Mit der Änderung der Verfassung wurde die Direktwahl des Präsidenten und allen Abgeordneten durch die Bürger mit Wohnsitz auf der Insel eingeführt. 1995 formulierte Lee Teng-hui die erste formelle Entschuldigung im Namen der Regierung für den Zwischenfall vom 28. Februar 1947, die eine jahrzehntelange Unterdrückung zur Folge hatte (GIO 2010b:55).

Trotz der jahrzehntelangen Unklarheit der Zugehörigkeit Taiwans kann heute immer noch nicht gesagt werden, dass Taiwan für alle Staaten als unabhängige Nation anerkannt wird (Rosenberg 2002:170). "Mit Betreten der Szene durch die USA erhielt die chinesische Teilung nachträglich eine internationale Implikation, die ihr bis heute anhaftet" (Suberg 1997:27).

5   Meilensteine in der taiwanischen Technologiepolitik

Im Zuge der raschen wirtschaftlichen Erholung in der Nachkriegszeit der 1950er Jahr entwickelten sich die Industrien auf der ganzen Welt. Die amerikanische und sowjetische Politik waren zu der Zeit sehr einflussreich. Sie vertraten die Ansicht, dass eine Sicherung der nationalen Sicherheit nur durch eine konsolidierte wissenschaftliche Entwicklung gewährleistet sei. Auf dieser Grundlage beschloss Taiwan ein solides Umfeld für seine technologische Entwicklung zu schaffen. In den frühen 1950ern lag das taiwanische Pro-Kopf-Einkommen bei 173 US$ und es lagen nur eine Hand voll Einrichtungen für *Science and Technology* (S&T) vor. 1959 beobachtete der prominente Wissenschaftler Wu Ta-you das schlechte wissenschaftliche Umfeld und den Mangel an Humanressourcen in der Wissenschaft. Er schlug der Regierung vor, eine ernsthafte S&T-Politik zu formulieren, um diese Probleme anzugehen (GIO 2004:Abs. 2-3).

Der Grundstein für eine solide Forschungsumgebung wurde gelegt, als die Leitlinien für die langfristige Entwicklung der Wissenschaft genehmigt wurden, um die Grundlagenwissenschaft zu verbessern. Im selben Jahr etablierte die Regierung den heutigen *National Science Council* (NSC), um die Überwachung der S&T-Entwicklung in Taiwan zu gewährleisten (GIO 2010c:120).

In den folgenden 1960er Jahren wurde starke Konzentration auf das exportorientierte verarbeitende Gewerbe gelegt sowie die arbeitsintensiven Industrien gefördert. Am 30. Januar 1965 wurde eine Verordnung zur Errichtung von *Export Processing Zones* (EPZs) formuliert. Ziel war es, mit den EPZs Investitionen anzuziehen, Exporte anzukurbeln, ausländische Technologien zu erwerben und die Beschäftigungsmöglichkeiten zu erhöhen. 1966 wurde das erste EPZ in Kaoshiung City etabliert, dessen Kapazitäten bereits drei Jahre später ausgeschöpft waren. Eine Reihe weiterer Gründungen von EPZs folgte (GIO 2004:Abs. 5-6).

Auf Anweisung des damaligen Präsidenten Chiang Kai-shek wurde 1968 der erste von drei *Four-year National Scientific Development Programs* formulierte, die binnen zwölf Jahren umgesetzt werden sollten. Kurz darauf wurde der *National Science and Technology Development Fund* gegründet. Alle bis hier formulierten Maßnahmen stellten eine solide Grundlage für die Forschung und Entwicklung (FuE) in den späten 1960ern und 70ern dar. Vor allem die 1970er waren von einem starken Wirtschaftswachstum geprägt. Ende der 70er lag das Pro-Kopf-Einkommen bereits oberhalb der 2.000 US$-Marke und ist somit um das 15-fache in den vergangen 20 Jahren angestiegen (GIO 2004:Abs. 7-11).

Nach der Entwicklung von einem arbeitsintensiven zu einem kapital- und technologieintensiven Industriestandort unterstütze die taiwanesische Regierung den weiteren Aufbau des High-Tech-Sektors durch die Gründung des staatlich finanzierten *Industrial Technology Research Institute* (ITRI) im Jahr 1973 als Non-Profit-Organisation. Das Hauptziel lag in der Stärkung und Unterstützung existierender Unternehmen im Bereich der Forschung und Entwicklung. Die Idee lag in der Schaffung von Synergien zwischen akademischen und industriellen Einrichtungen sowie der Gewährleistung eines Vorschusses bei neu entstehenden Branchen (AHK 2011:Industries).

1978 wurde die erste *National Science and Technology Conference* durch den Premier Chiang Ching-kuo einberufen. Experten, Unternehmen, Wissenschaftler etc. diskutierten die Intensivierung der nationalen Wissenschaftspolitik. Darauf aufbauend kam es 1979 zur Etablierung der *Science and Technology Advisory Group* und zu ersten Plänen für das *Science and Technology Development Program*. Im selben Jahr wurde nach dreijähriger Vorbereitungsphase der Hsinchu Science Park offiziell eröffnet, um ein Umfeld für die High-Tech-industrielle Entwicklung zu schaffen. Diese Vorgehensweisen katapultierten Taiwan schnell in eine Ära, in der Unternehmertum und spezialisiertes Management eine Schlüsselrolle in der S&T-Entwicklung zugewiesen wurde (GIO 2004:Abs. 13-14).

1982 folgte die zweite *National Science and Technology Conference*, auf der Erfolge und Misserfolge der frühen Entwicklungsprojekte überprüft wurden. Auf der dritten Konferenz in

1986 wurde der *Ten-year Long-term Science and Technology Development Plan* als neues Ziel definiert. Taiwan erhoffte sich durch diese Strategie, bald auf das Niveau der Vereinigten Staaten und Japans binnen zehn Jahren zu steigen. Weitere Pläne wurden auf der vierten Konferenz in 1991 und der fünften in 1996 erläutert. 1997 wurde das erste taiwanische *White Paper on Science and Technology* veröffentlicht. 1998 folgte die Verabschiedung des neuen Grundgesetzes für Wissenschaft und Technologie, welches die logistischen und rechtlichen Grundlagen für die Entwicklung von S&T in Taiwan vorsieht (GIO 2004:Abs. 16-22).

Am 16. Januar 1999 ist der erfolgreiche Start des ersten nationalen Satelliten ins Weltall datiert, mit dem Satellit FORMOSAT-1 (bis Dezember 2004: ROCSAT-1). Taiwan hat sich mit seiner *National Space Organization* zu einer ambitionierten Raumfahrtnation etabliert und leitete eine neue Ära für die Raumfahrtforschung ein (GIO 2004:Abs. 23).

Neben den wissenschaftlich fundierten Industrieparks spielten Ender der 90er Jahre die EPZs eine große Rolle. In 2001 betrugen die Ausfuhren der EPZs 122,8 Mrd. NT$. Sie gelten somit als wichtigste Säule der wirtschaftlichen und industriellen Entwicklung Taiwans. In dieser Zeit ist Taiwan bereits auf dem besten Weg sich zum weltweit größten Anbieter von IT-Produkten zu etablieren. 2002 – ein Jahr nach der sechsten Konferenz – gehört Taiwan mit einem Produktionswert von 55 Mrd. NT$ in der IT-Branche bereits zum drittgrößten IT-Produktzulieferer der Welt, hinter den USA und Japan.

Taiwan gilt für elf IT-Produkte global als Top-Produzent, der Produktionswert der IC-Industrie beträgt 6,51 Mrd. US$ und hat somit einen globalen Anteil von 5,5 Prozent. Nach dem Beitritt in die WTO am 01. Januar 2002 begann ein Wettbewerb der lokalen Industrien auf dem globalen freien Markt, was zur Gründung weitere Science Parks führte (siehe Kapitel 8). Mit dem HSP und FuE-Aktivitäten im gesamten Land zeigt Taiwan bis heute internationale Stärke. (GIO 2004:Abs. 24-28). Das GIO (2010c:120) schreibt in seinem S&T-Bericht:

> *In 2008, the nation's R&D expenditures grew 6 percent over the previous year, amounting to NT$351 billion (US$11.15 billion) and accounting for 2.77 percent of gross domestic product (GDP). Taiwan's R&D spending as a percentage of GDP was higher than those of the United States (2.68 percent in 2007), the European Union (1.8 percent in 2007) and the average of all countries tracked by the Organization for Economic Cooperation and Development (2.28 percent in 2007).*

Fast die Hälfte aller asiatischen IT-Unternehmen ist heute in Taiwan beheimatet. Taiwan ist globaler Marktführer in diversen Bereichen, wie aus Abbildung 4 hervorgeht (AHK 2011: Country Info).

Abbildung 4: Taiwan als weltweiter Marktführer

Marktführer Taiwan

→ **98,0%** aller Motherboards...   → **88,0%** aller DSL-Gadgets...

→ **93,3%** aller Notebooks...   → **87,5%** aller WLAN-Gadgets...

...**weltweit** werden in Taiwan produziert

Quelle: eigene Darstellung nach AHK 2011:Country Info

Taiwan schaffte es sich in nur wenigen Jahrzenten auf dem globalen Markt zu positionieren. Die internationale Integration als wichtigster Prozess hierbei wird im folgenden Kapitel 6 näher beleuchtet. Es wird auf diverse Faktoren eingegangen, die den wirtschaftlichen Erfolg Taiwans im globalen Kontext widerspiegeln.

6   Internationale Integration als Erfolgsfaktor am Beispiel Taiwans

Eine Reihe an wichtigen Schubkräften ist verantwortlich für den wirtschaftlichen Erfolg Taiwans. Während die Insel 50 Jahre lang unter japanischer Herrschaft stand, führten die Japaner Landwirtschaftstechnologien ein, verbesserten die Infrastruktur und lieferten auf diese Weise eine Basis für spätere Entwicklungen. Wie bereits aus der Historie (Kapitel 4) hervorging, spielten die USA eine zentrale Rolle bei der Stabilisierung der Nachkriegswirtschaft. Ein weiterer Erfolg liegt in der parallelen Entwicklung der Wissenschaft und Technologie, auf die in Kapitel 5 bereits näher eingegangen wurde (Gälli/Kögel 1996:724-725).

In den späten 1950ern beginnen transnationale Unternehmen (TNU) mit der Suche nach Standorten, die billige Arbeitskräfte vorweisen. Taiwans historische Beziehungen mit Japan führten zu mehreren Investitionen, doch Taiwan als Gegenpol zum chinesischen Kommunismus favorisierte Ausländische Direktinvestitionen von den USA. Zu den führenden japanischen Auslandsinvestoren zählen *Sanyo, Orion, Sony, Sharp, Hitachi* und *Matsushita*, zu den amerikanischen Teilnehmern *General Instruments, TI* und *DEC* (Hobday 1995:103).
Die Beziehungen zu den Vereinigten Staaten intensivierten sich vor allem nach Einführung des *Immigration Acts* 1965. Bis 1965 war die Anzahl taiwanischer Immigranten auf maximal 100 jährlich limitiert. Infolgedessen immigrierten lediglich 47 taiwanische Wissenschaftler und Ingenieure 1965 in die USA. Zwei Jahre später stieg diese Anzahl auf 1.321 an. Tausende taiwanische Studierende nahmen ein Auslandsstudium in den 1970ern und 80ern in den Vereinigten Staaten war. „In fact, Taiwan sent more doctoral candidates in engineering to the US during the 1980s than any other country [...]" (Saxenian/Hsu 2001:901). Dementspre-

chende erhöhte sich auch die Zahl der zurückkehrenden ‚brain drains': 1994 kamen über 5.500 der gut 6.500 *returnees* aus den USA.

Der taiwanische Erfolg der PC-Produzenten lässt sich dadurch erklären, dass Taiwan die Rolle der *Original Equipment Manufacturer* (OEMs) für die führenden US-amerikanischen und japanischen PC-Unternehmen übernahm. In den 1960ern und 70ern residierte Kapital und Technologie vor allem in den Vereinigten Staaten und Japan und wurde nach Taiwan von multinationalen Konzernen transferiert. Dieser *one-way flow* wurde in den 1990ern zu einem *two-way flow*. Taiwans lokale Produzenten gewannen einen wachsenden Anteil am globalen Technologiemarkt (Saxenian/Hsu 2001:897-898). Diese erfolgreiche Entwicklung lässt sich anhand des Linkage-Clustering Modells nach MICHAEL HOBDAY erklären.

Abbildung 5: Das Linkage-Clustering Modell

Initial Foreign Investment / Purchase
Foreign firm enters in search of cheap labour

Backward Linkage Effect
Local subcontractors enter to supply pieces, parts and assembly services

Forward Linkage Effect
More foreign investors / buyers enter to exploit low cost suppliers

Second, Larger Backward Linkage Effect
More local firms enter, many grow larger, infrastructure improves

Backward-Forward Linkage Repeated
Process is repeated in waves of foreign purchasing and local entry

> > > > > Industrial Cluster Created < < < < <

Quelle: Hobday 1995:125, verändert

Nach ersten Aktivitäten ausländischer Firmen in Taiwan wurden *backward linkages* mit vielen neuen Lieferanten bei diversen Produktionen im PC-Bereich generiert. Die lokalen Firmen erlernten neue Fähigkeiten, was in einer kostengünstigen, reaktionsschnellen, industriellen Infrastruktur resultierte, die wiederum neue ausländische Investoren und transnationale Unternehmen (TNCs) anlockte (*forward linkages*). Der Prozess setze sich fort: der forward linkage effect selbst ermutigte viele weitere Marktteilnehmer, Unternehmen zu gründen oder zu erweitern und die Infrastruktur auszubauen, was sich in einer zweiten, noch größeren rückwärtsgekoppelten Wirkung widerspiegelte. Das Ergebnis der erfolgreichen Wellen von backward und forward linkages war die Bildung eines industriellen Clusters in der gesamten taiwanischen IT-Branche (Hobday 1995:124).

Taiwan etablierte sich zu einem immer wichtigeren globalen Handelspartner vor allem im Technologiebereich. 2009 zählten zu Taiwans wichtigsten Handelspartnern Saudi-Arabien,

Kuwait, Australien und Russland als Lieferstaaten, Hongkong und die Philippinen als Ab-
nehmerländer sowie Japan, die Volksrepublik China, die Vereinigten Staaten, Singapur,
Südkorea, Vietnam, Deutschland, die Niederlande, Frankreich, Italien, Großbritannien, Ös-
terreich, Belgien und die Schweiz als Liefer- und Abnehmerstaaten (siehe Abbildung 6).

Abbildung 6: Globale Handelspartner Taiwans 2009

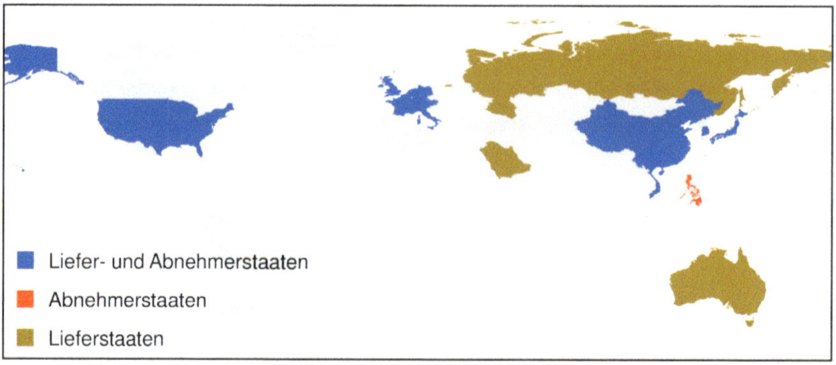

Liefer- und Abnehmerstaaten

Abnehmerstaaten

Lieferstaaten

Quelle: eigene Darstellung

Die wichtigsten Exportgüter kommen aus den Bereichen Elektronik, Chemie, elektrotechni-
sche Waren, Mess- und Regeltechnik, Maschinen, Kraftfahrzeuge und Lebensmittel. In 2010
lag das gesamte Exportvolumen bei 274,64 Mrd. US$ und somit um 34,8 Prozent höher als
in 2009 (AHK 2011:Economic Data).
In Diagramm 1 ist das gesamte Exportvolumen Taiwans von Januar bis Oktober 2011 nach
ausgewählten Ländern abgebildet. Die engsten Verflechtungen sind dabei in Asien selbst zu
beobachten, mit einem Exportvolumen von insgesamt 196.494 Mio. US$. Auffallend ist die
dominierende Verbindung zum chinesischen Festland, die vor allem seit 2010 weiter zuneh-
men wird. Am 29. Juni 2010 wurde in Chongqing der bilaterale Vertrag des *Economic Cooperation Framework Agreement* (ECFA) unterzeichnet und trat am 12. September 2010 zwischen der Volksrepublik China und Taiwan in Kraft. Dieses Abkommen zielt auf eine Reduk-
tion der Investitionsrestriktionen für eine große Anzahl in Bereichen des Waren- und Dienst-
leistungshandels sowie der Zölle auf der Taiwanstraße ab. Zusätzlich sollen der industrielle
Austausch und die Kooperation gefördert werden. Wie bereits im theoretischen Teil beschrieben handelt es sich hierbei um die schwächste Form der Integration, nämlich der Präferenzzone. Die Zollsenkungsanordnung im Rahmen der ECFA wird *Early Harvest List* genannt. Seit 01. Januar 2011 stehen 539 taiwanesische und 267 chinesische Produkte auf der
Liste, dessen Zölle im Partnerland Schritt für Schritt bis zum Jahr 2013 abgeschafft werden
sollen. Die Liste aller Produkte kann unter <http://www.taiwan.ahk.de/fileadmin/ahk_taiwan/

Dokumente/Trade_Info/EARLY_HARVEST_LIST.pdf> eingesehen werden. „Due to the opening towards the Chinese in the course of the ECFA it is to be expected that Taiwan is going to be more integrated in the value-adding process between China and other countries, and will therefore benefit from China's economic growth" (AHK 2011:Economic Trends).

Diagramm 1: Exportvolumen nach ausgewählten Ländern Januar bis Oktober 2011

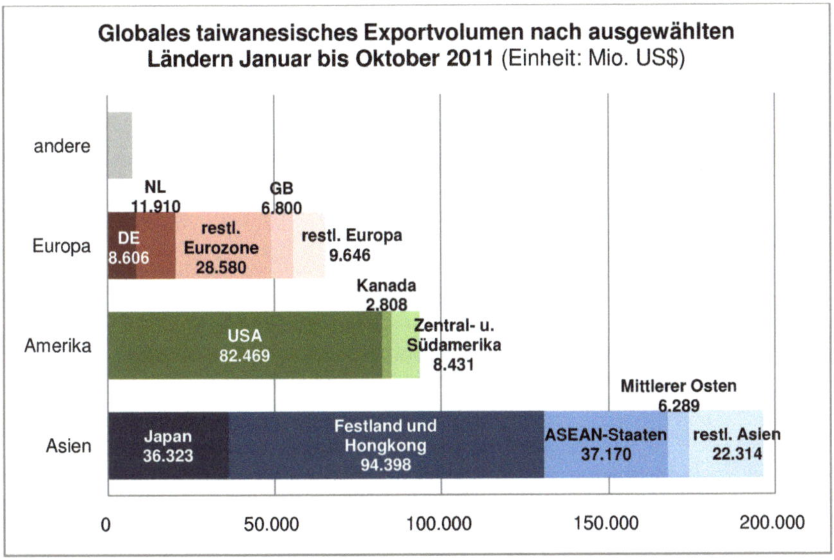

Quelle: eigene Darstellung, Datengrundlage: MOEA 2011

Nach der Verabschiedung des ECFA-Abkommens mit dem chinesischen Festland folgt nun ein „weiterer Schritt zur Normalisierung der Außenwirtschaftskontakte" (GTAI 2011:Abs. 1) und somit eine weitere, tiefgründige Integration Taiwans. Im September 2011 unterschrieben Taiwan und Japan das *Comprehensive Investment Agreement*, welches neben dem Investitionsschutz bilaterale Investitionen aktiv fördern beziehungsweise bestehende Beschränkungen beseitigen soll. Diese Vereinbarung ist das zweite wichtige Abkommen Taiwans mit einem bedeutenden Handels- und Investitionspartner. „Weitere kleine Schritte sollen folgen, um mit Handelspartnern in Südostasien, wo die ASEAN (Association of South East Asian Nations) ihr wirtschaftliches Geflecht ausbaut, vertragliche Grundlagen zu erreichen" (GTAI 2011:Abs. 10).

Heute gehört Taiwan zu den wichtigsten globalen Handelspartnern und zeigt Wettbewerbsfähigkeit gegenüber den wirtschaftsführenden Industrienationen wie den Vereinigten Staaten, Schweden, Finnland, Deutschland und Japan, um nur einige wenige beim Namen zu nennen. Dies bestätigt das *World Economic Forum* mit seinem Global Competitiveness Index (GCI) 2009-2010. Das Ranking berücksichtigt insgesamt zwölf Säulen (*pillars*) aus den drei Oberkategorien *basic requirements*, *efficiency enhancers* und *innovation and sophistication factors*. Das Konzept der Wettbewerbsfähigkeit beinhaltet insgesamt 110 statische und dynamische Komponenten, auf die in dieser Arbeit nicht näher fokussiert wird (World Economic Forum 2009:3-9).

Taiwan erreicht beim Index von 2009-2010 Rang zwölf von insgesamt 133 teilnehmenden Ländern und ist somit um fünf Plätze im Vergleich zum Vorjahr gestiegen. Taiwan liegt somit ein Platz vor Großbritannien. Die Vereinigten Staaten stehen auf Platz zwei und Deutschland auf Rang sieben. Bei der zwölften Säule *Innovation* schafft es Taiwan sogar auf Rang sechs weltweit mit erzielten 5,3 Punkten von möglichen sieben (World Economic Forum 2009:13-14). Das folgende Netzdiagramm zeigt, wie Taiwan im Vergleich zu Deutschland und den USA bei den zwölf Säulen abgeschnitten hat.

Diagramm 2: Taiwans Ergebnis beim Global Competitiveness Index 2009-2010 im Vergleich

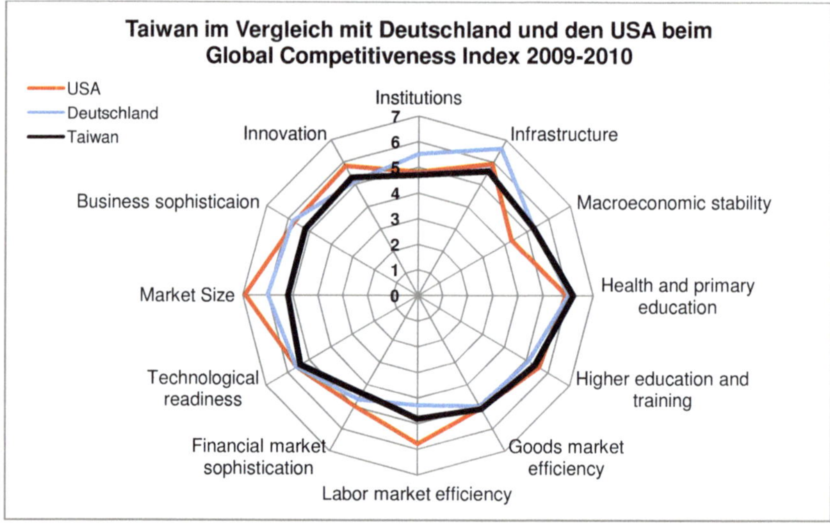

Quelle: eigene Darstellung, Datengrundlage: World Economic Forum 2009:152-320

Das World Economic Forum schreibt Taiwan eine noch höhere Wettbewerbsfähigkeit in den nächsten Jahren zu: „[The] competitiveness landscape will be even brighter in the years to come" (World Economic Forum 2009:30).

Für einige Wissenschaftler ist der wirtschaftliche Erfolg einer Nation im Bereich der Informationstechnologie ein Beweis für die Dynamik des freien Marktes. Andere wiederum argumentieren den Erfolg mit der Aktivität der Regierung. Wieder andere begründen den Erfolg mit dem Phänomen der Geographie der Produktion, wie beispielsweise der 50-Meilen-Korridor zwischen den Städten Taipeh und Hsinchu. Hier werden nach dem Vorbild des Silicon Valleys Fähigkeiten, spezialisierte Materialien, Investitionen und technisches Know-how generiert und gebündelt und so Kosten für einzelne Unternehmen reduziert, sodass die gesamte Region als Ganzes einen wirtschaftlichen Erfolg genießt (Saxenian/Hsu 2001:894). Der erste Science Park in Taiwan ist der Hsinchu Science Park, auf den im folgenden Kapitel fokussiert wird.

7 Taiwans Hsinchu Science Park

Die Entwicklung der asiatischen Science Parks steht in enger Beziehung zur jeweiligen Regierungspolitik im Bereich Innovation und Technologie. Als ältester asiatischer Science Park gilt die Tsukuba Science City in Japan, die bereits in den frühen 1970er Jahren etabliert wurde. „However, the most well known science park in Asia is the Hsinchu Science Park" (Koh 2006:63), dem die Förderung des taiwanesischen Unternehmertums und die Transformation zu einem globalen Technologieführer zugeschrieben wird. Dieser Park ist Hauptbestandteil dieser Arbeit und wird in diesem Kapitel intensiver beleuchtet.

7.1 Historie des Hsinchu Science Parks

Um die arbeitsintensive Produktionsgrundlage der Wirtschaft zu erweitern, wurde im Jahr 1980 der Hsinchu Science Park von der taiwanischen Regierung als ‚Fremdanstoß' der High-Tech-Industrie gegründet. Der Park wurde nördlich der Stadt Hsinchu etabliert, rund 70 Kilometer von Taipeh entfernt, in einem Gebiet, das von Teeplantagen geprägt war. Die Regierung wählte Hsinchu als Geburtsort der Parks, weil bereits zwei erstklassige Universitäten (Tsinghua und Chiaotung) sowie das staatlich unterstützte Forschungsinstitut ITRI als wichtige Basis vor Ort zu finden waren (Chen 2008:68).
Der HSP wurde offensichtlich nach dem Vorbild des Silicon Valleys vor allem im Landschaftsbild gestaltet. Beispielsweise gab es strikte Einschränkungen bei der Bebauung der Grundstücksparzellen, viel Grünfläche war vorgesehen und kommerzielle Werbeflächen wurden verboten. Ebenfalls wurde eine bilinguale Schule integriert, um die Kinder zu lehren, deren Eltern als erfahrene Ingenieure aus dem Silicon Valley zurückkehrten (Chen 2008:68). Der Park wurde ähnlich zu einer Exportprozesszone (EPZ) geplant. Steuerliche Anreize, wie zum Beispiel eine gewerbesteuerfreie Zeit für die ersten fünf Jahre, wurden den Unternehmen vor Ort offeriert, ebenso wie subventionierte Pachtmieten. Auf importierte Maschinen

und Materialien wurde eine Zollbefreiung formuliert mit der Voraussetzung, dass die fertig produzierten Waren mit diesen Materialien für den Export bestimmt waren. Aufgrund dieser Anreize wurde der HSP nach dem Vorbild der EPZs in Kaohsiung und Taichung, die zwischen 1960 und 1971 gegründet wurden, modelliert. Da der Park von Beginn an exportorientiert ausgerichtet sein sollte, wurden handelspolitische Schutzmaßnahmen von den politischen Entscheidungsträgern nie in Betracht gezogen (Chen 2008:68-69).

An dieser Stelle sei erwähnt, dass die Körperschaftssteuer in Taiwan nur 17 Prozent beträgt. Die gesamte durchschnittliche Steuerbelastung für Kapitalgesellschaften in Deutschland liegt bei 29,83 Prozent (AHK 2011:Did you know?).

Der HSP war wie die anderen ostasiatischen EPZs kein sofortiger Erfolg. Zu Beginn war der Park nur 210 Hektar groß und es dauerte zehn Jahre, bis eine Erweiterung aufgrund steigenden Grundstücksinteresses in Frage kam. Im gesamten HSP dominierte in den ersten zehn Jahren die PC-Industrie mit deren Randsortiment (*peripheral products*). Zu den ersten ansässigen Unternehmen zählen *Acer* und *Mitac*, die sich nur zwecks der steuerlichen Vergünstigungen im Park ansiedelten. Sie dienten vor allem als Zulieferer für den internationalen Markt und galten als finanzielle Unterstützer in Forschung und Entwicklung. Die meisten Unternehmen waren Auftragshersteller. Folglich waren Innovationen sehr limitiert und führten nicht zum Effekt des Wissenstransfers, der gebräuchliche High-Tech-Cluster charakterisiert (Chen 2008:69-70).

Unmittelbar darauf startete die Regierung eine Venture-Capital-Industrie, indem sie steuerliche Anreize für Investoren in Risikofonds anbot und sogar öffentliche Gelder in mehrere Fonds investierte. Doch trotz aller Bemühungen etablierten sich nur wenige Start-Up-Unternehmen durch Wissenschafter und Ingenieure, die vom Silicon Valley mit dem erforderlichen Know-how zurückkehrten. Eines der Unternehmen war *Microtek*, welches einen „mini-agglomeration effect" (Chen 2008:70) mit seinem ersten computerverbundenen Scanner der Welt induzierte. Microtek wurde 1984 durch Dr. Bo-bo Wang, der ehemals für *Xerox* arbeitete, gegründet. Diese Innovation hat zumindest weitere zwanzig branchenähnliche Unternehmen in den HSP angezogen, was Taiwan nur wenige Jahre später zum führenden Anbieter von Scannern in der Welt machte. Allerdings zeichnete sich dieser Technologievorsprung nur durch eine kurze Dauer aus: die *major players*, wie zum Beispiel *Hewlett-Packard* oder *Canon*, etablierten sich in dieser Branche nur kurze Zeit später. Die taiwanesischen Produzenten verloren folglich schnell ihre globalen Marktanteile (Chen 2008:70).

In den späten 1980ern etablierten sich taiwanesische Wissenschaftler aus Hsinchu im globalen Elektronik- und Halbleiterfertigungsnetzwerk zentral im Silicon Valley. Diese enge Verbindung führe in den 1990ern zu grenzüberschreitenden Investitionsflüssen zwischen Taiwan und dem Silicon Valley sowie zu einer Partnerschaft innerhalb der Schlüsseltechnologien zwischen taiwanesischen und amerikanischen Firmen. Die Verknüpfung erleichterte einen Zufluss von unternehmerischen Talenten (*talent flow*) aus dem Silicon Valley nach Taiwan. „While the Hsinchu Science Park was not the cause of Taiwan's success in IT, its success reflects the fast expanding ties between the two regions" (Saxenian/Hsu 2001:908). Diese positiven Auswirkungen des transnationalen ‚talent flows' belegen 109 von 272 Unternehmen in der Hsinchu-Region im Jahr 1998, die durch rückkehrende Wissenschaftler und Ingenieure aus dem Silicon Valley gegründet wurden (Koh 2006:64). Die erworbenen High-Tech-relevanten Fähigkeiten, Erfahrungen und innovativen Ideen der zurückgekehrten 3.057 taiwanischen *brain drains* galten als Saatkorn, welches aus der engen Verbindung zwischen dem Silicon Valley und dem HSP entstand, „which naturally formed a global healthy strategic alliance co-option network" (Lee/Yang 2000:55).

Zwischen 1980 und 1998 investierte die Regierung mehr als 583 Mio. US$ in die Software- und Hardwareinfrastruktur des Parks. Aufgrund anhaltender Bemühungen wurden weitere Branchen erfolgreich integriert. Dazu zählen Integrierte Schaltkreise (*integrated circuits*, IC), Computer und Randprodukte, Telekommunikation, Optoelektronik, Präzisionsmaschinen und Biotechnologie. „Its performance also demonstrates its honor in becoming the first high-tech industry development benchmarking model in Taiwan and also its outstandingly favorable reputation in the world" (Lee/Yang 2000:55).

7.2   Hsinchu Science Park im Fokus der Statistik

Nach der Gründung des HSP im Jahr 1980 sind nun mehr als drei Jahrzehnte vergangen. Bis zur Jahrtausendwende haben 292 Unternehmen den Weg in den Park gefunden.

Diagramm 3: Anzahl der Unternehmen im HSP nach Bereichen im Oktober 2011

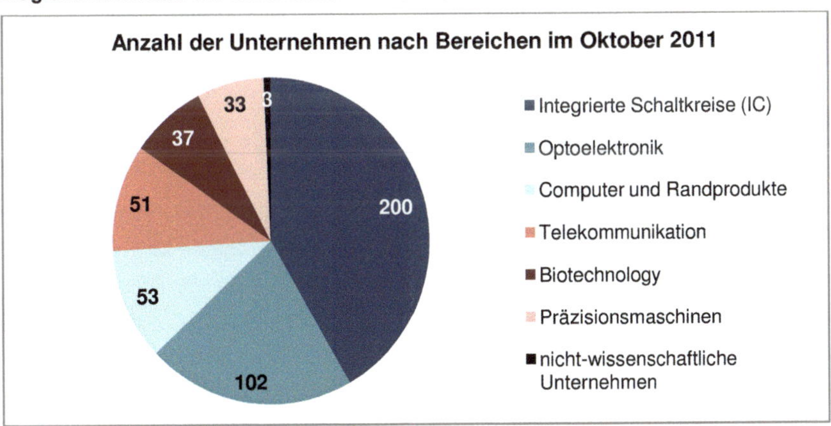

Quelle: eigene Darstellung, Datenquelle: HSP 2011c:2011/10, Status of Individual Industries

Im Oktober 2011 befanden sich bereits 479 Unternehmen vor Ort – davon 412 heimische Unternehmen und 67 ausländische – und weiteren 30 wurde die Ansiedlung bereits genehmigt. Die Anzahl der Unternehmen nach den sechs erwähnten Schwerpunktbereichen ist in Diagramm 3 visualisiert. Alle Unternehmen beschäftigen insgesamt 133.464 Mitarbeiter, von denen 58 Prozent mindestens einen Bachelor-Abschluss nachweisen können (HSP 2011:a, 2011:c).

Die Unternehmen generierten gemeinsam zwischen 1983 bis 2009 einen kumulierten Gesamtumsatz von über 122 Billionen NT$, was etwa 3,9 Billionen US$ entspricht. Die Entwicklung des absoluten Umsatzes nach Branchengruppen zwischen 1986 und 2009 ist in Diagramm 4 dargestellt. Seit der Gründung des HSP stieg der Umsatz fast kontinuierlich an. Aufgrund eines Erdbebens der Stärke 7,3 auf der Richterskala im September 1999 schossen die Preise auf dem Weltmarkt in die Höhe und der Umsatz folglich ebenfalls (Chen 2008:72).

Diagramm 4: Entwicklung des absoluten Umsatzes nach Branchengruppen 1986 bis 2009

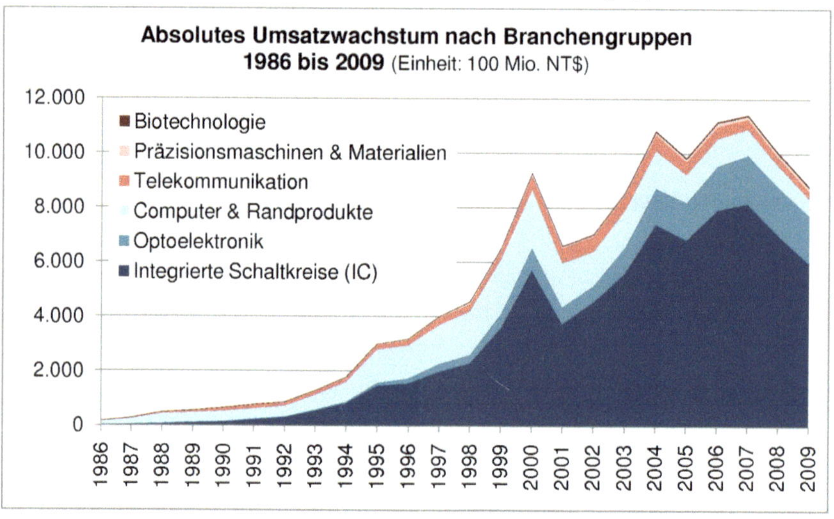

Quelle: eigene Darstellung, Datenquelle: HSP 2011a:Growth of Combined Sales by Industry

Im folgenden Diagramm 5 ist die Entwicklung der Ausgaben für FuE sowie der Anzahl der genehmigten Patente im HSP 1988 bis 2010 dargestellt. Die Ausgaben für Forschung und Entwicklung betrugen 1990 nur 3.429 Mio. NT$, 2009 das 38-fache, nämlich 131.783 Mio. NT$. Davon entfallen 64,2 Prozent auf die IC-Branche, 17,5 Prozent auf Optoelektronik, 11,9 Prozent auf die PC-Industrie und die restlichen 6,4 Prozent auf die anderen drei industriellen Schwerpunkte. Die FuE-Ausgaben machten in 2009 insgesamt 5,0 Prozent am Gesamtumsatz aus, jedoch 10,6 Prozent bei bloßer Betrachtung der IC-Industrie (HSP 2011a:Allocation of Fund to R&D by Industry).

Diagramm 5: Entwicklung der Ausgaben für FuE (in Mio. NT$) und Anzahl der genehmigten Patente im HSP 1988 bis 2010

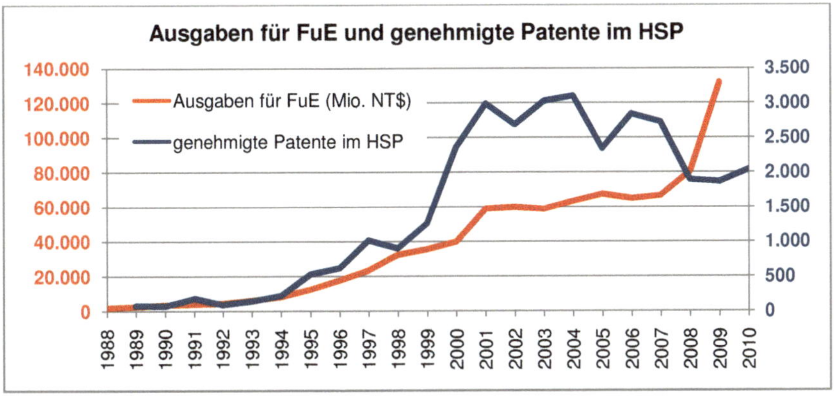

Quelle: eigene Darstellung, Datengrundlage: HSP 2011a:Allocation of Fund to R&D by Industry, HSP 2011a:Approval of the patent over the years

Die Anzahl an genehmigten Patenten vor Ort stieg bis 2000 kontinuierlich an und betrug 2.366 Erteilungen. In 2010 wurden 2.043 Patente erteilt, von denen 830 auf die IC-Branche und 731 auf die Optoelektronik-Industrie fallen (HSP 2011a:Approval of the patent over the years).

Der steigende und anhaltende Erfolg des Hsinchu Science Parks lässt sich durch eine Bandbreite an Indikatoren belegen. Ein weiterer Erfolg ist das ansässige ITRI, das neben dem Gründungsort und Hauptsitz in Hsinchu zusätzlich im Silicon Valley, in Tokio, Berlin und Moskau niedergelassen ist. Über 25.000 Unternehmen profitieren jährlich von den industriellen Dienstleistungen des Institutes. Im Jahr 2010 waren mehr als 6.000 Mitarbeiter beim ITRI beschäftigt und über 8.000 Patente wurden erfolgreich angemeldet (AHK 2011:Industries).

Zusätzlich zur Heimatbasis in Hsinchu haben sich fünf Satellitenparks des HSP etabliert beziehungsweise befinden sich noch in der Entwicklungsphase: der Jhunan Science Park, der Longtan Science Park, der Tongluo Science Park, der Hsinchu Biomedical Science Park sowie der Yilan Science Park, auf die im Folgenden kurz eingegangen wird.

7.3   Etablierung fünf neuer Satellitenparks

Der Beschluss, den **Jhunan** (auch Zhunan) **Science Park** zu gründen, fiel im Juli. Der Technologiepark befindet sich im Ort Dingpu der Kommune Zhunan im Miaoli County, südlich des HSP (siehe Abbildung 6). Der Beginn der Bebauung des 123 Hektar großen Satellitparks des HSP ist auf den Monat Juli 1999 datiert (HSP 2011b:Jhunan Science Park).

Die ersten Unternehmen, in erster Linie aus den Bereichen Optoelektronik und Biotechnologie, sind im Jahr 2001 in die Räumlichkeiten eingezogen. Des Weiteren sind das *National Health Research Institute* und das *Animal Technology Institute* Taiwans zu erwähnen, die ebenfalls ihren Standort im Jhunan Science Park vorweisen können (HSP 2010:8-12). Die knapp 70 Hektar vermietbare Fläche ist zum Zeitpunkt 31. Oktober 2011 zu 100 Prozent vermietet (siehe Tabelle 1).

Tabelle 1: Flächeninformation zum HSP und seinen fünf Satellitenparks am 31.10.2011

ab	Science Parks	Gesamtfläche (ha)	Anteil an industrieller Nutzfläche (%)	vermietbare Fläche (ha)	davon vermietet (%)
1980	Hsinchu	653,00	54,8	274,30	100,0
2001	Jhunan	123,00	60,5	69,85	100,0
2010	Longtan	106,94	48,0	39,85	100,0
2011	Biomedical	38,20	63,2	…	…
2011	Tongluo	349,75	28,7	16,11	50,3
2012	Yilan	102,00	51,0	…	…
	gesamt	**1.372,89**	**48,1**	**400,11**	**98,0**

Quelle: eigene Darstellung, Datenquelle: NSC 2011:Table A-1, Table A-2

Insgesamt wurden 80 einheitliche Betriebsgebäude geschaffen, von denen 40 speziell für Unternehmen der Biotechnologie erbaut wurden (HSP 2011b:Jhunan Science Park).

Ende Oktober 2011 haben bereits 42 Unternehmen ihren Weg in den Jhunan Science Park gefunden und beschäftigen insgesamt rund 10.000 Menschen. Es wird geplant, dass weitere Anlagen gebaut werden, die eine Vielzahl an Unternehmen beherbergen können und ein noch größeres Angebot an Arbeitsplätzen für High-Tech-Profis induzieren. Die Etablierung des Jhunan Science Parks hat sich bis heute bei der Förderung der regionalen Industrieaufrüstung sowie der nachhaltigen Entwicklung bewährt (HSP 2011b:Jhunan Science Park).

Am 28. Januar 2004 fiel die Entscheidung, dass das **Longtan**-Projekt als Science Park umgesetzt werden solle. Das 107 Hektar große Areal wird in zwei Phasen entwickelt: 76 Hektar in Phase 1 und 31 Hektar in Phase 2. Das endgültige Parkgebiet wird sich zu gut 93 Prozent auf dem Gebiet der Kommune Longtan und zu sieben Prozent auf dem der Kommune Ping-zhen erstrecken (HSP 2011b:Longtan Science Park).

Die beiden Unternehmen *AU Optronics Corp.* (gehört zur BenQ-Gruppe) und *Sollink Inc.* hatten für Phase 1 bereits 21,71 Hektar vorvermietet, was 57 Prozent der zur Verfügung stehenden Mietfläche (38 Hektar) ausmacht (HSP 2010:27).

Derzeit befinden sich sechs Unternehmen aus den Bereichen Optoelektronik und Solarenergie vor Ort, darunter *BenQ Materials Corp.*, die im Bereich Polarisationsfolien und Präzisionsbeschichtung forschen. Schätzungen zufolge soll der Park bis Ende 2012 in der Lage sein, 90 Mrd. NT$ an Investitionen gewinnen zu können, um weitere 8.000 Arbeitsplätze zu schaffen. Mit dem Longtan Science Park soll vorrangig auf die Modernisierung der lokalen Industrie und die Ankurbelung der lokalen Wirtschaft fokussiert werden (HSP 2011b:Longtan Science Park).

In Tabelle 2 ist der Bildungshintergrund der Beschäftigten des Hsinchu Science Parks sowie seinen beiden bereits eröffneten Satellitenparks Jhunan und Longtan aufgelistet.

Tabelle 2: Bildungshintergrund der Beschäftigten im Oktober 2011

Science Parks	Ph.D	Master	Bachelor	Junior College	Senior High School	Other	Total
Hsinchu	2.408	33.697	41.250	23.195	26.629	6.285	133.464
Jhunan	134	1.847	4.321	2.021	2.709	166	11.198
Longtan	42	606	785	700	1.029	227	3.389
Summen	**2.584**	**36.150**	**46.356**	**25.916**	**30.367**	**6.678**	**148.051**

Quelle: eigene Darstellung, Datenquelle: HSP 2011c:2011/10, Number of employees

Von den 148.051 Beschäftigten sind 42,6 Prozent weiblich. 95,8 Prozent sind heimische Mitarbeiter. Von den 4,2 Prozent ausländischen Beschäftigten arbeiten knapp 84 Prozent im Labor und bei den restlichen 16 Prozent handelt es sich um Techniker (HSP 2011c: 2011/10, Number of employees).

Drei weitere Satellitenparks sind im Norden Taiwans geplant: der Hsinchu Biomedical Science Park, der ein zu Hause für Pharmazeutika-Produzenten und Hersteller medizinischer Geräte werden soll, der Tongluo Park mit Spezialisierung im IC-Design, Digital Living, Avionik und Raumfahrt sowie Bio-Pharmazeutika und zuletzt der Yilan Park, in dem der Fokus auf Kommunikation und wissensbasierten Dienstleistungsbranchen liegen soll (GIO 2011:Abs. 5).

8 Etablierung weiterer Parks in Taiwan nach dem Vorbild des Hsinchu Science Parks

Der Hsinchu Science Park war der erste Meilenstein für eine Reihen an Entwicklungen von Innovationsparks. In Taiwan haben sich bis heute drei Kern-Wissenschaftsparks mit einer Gesamtfläche von über 4.500 Hektar etabliert. Neben dem Hsinchu Science Park wurden der Central Taiwan Science Park (CTSP) und der Southern Taiwan Science Park (STSP) gegründet. Abbildung 7 zeigt die Standorte der Parks mit ihren Neugründungen.

Abbildung 7: Standorte der Science Parks in Taiwan

Quelle: DOIS 2011, bearbeitet

Der STSP wurde im Jahr 1996 von der taiwanischen Regierung gegründet, mit den Zielen des Aufbaus eines IC-Industrie-Clusters und eines Optoelektronik-Hubs im Süden Taiwans. Heute gehören zum STSP der Tainan und der Kaoshiung Science Park. Im Jahr 2009 erwirtschafteten die 123 ansässigen Unternehmen knapp 14 Mrd. US$ und beschäftigten 48.626 Mitarbeiter. Die bekannten Unternehmen *Corning Taiwan* und *HannStar Display Corp.* vor

Ort umfassen mit ihren peripheren Lieferanten die komplette Wertschöpfungskette der Optoelektronik auf Taiwan. Sie erwirtschafteten gemeinsamen knapp 62 Prozent des Gesamtumsatzes der Science Parks im Süden in 2009. Derzeit laufen Bestrebungen umweltfreundliche Energie zu entwickeln. Durch den Ausgleich der technologischen Entwicklung und des Umweltschutzes erhofft sich der STSP der erste ‚Green' Science Park in Taiwan zu werden (GIO 2011:Abs. 6-8).

Mit dem Ziel die Cluster-Entwicklung zu dezentralisieren wurde der CTSP im Jahr 2003 nach den Vorbildern HSP und STSP durch die Regierung gegründet. Als neuester Science Park in Taiwan genießt der CTSP *latecomer*-Vorteile, darunter beispielsweise das Adoptieren von up-to-date-Technologien und neuen Managementmodellen. In weniger als einem Jahrzehnt ist der Park um zwei weitere gewachsen. Heute gehören der Taichung, der Huwei und der Houli Science Park dazu. Weitere Pläne sehen die Erweiterung um den Erlin Science Park und dem Advanced Research Park in Chunghsing Village vor. Der Park erwirtschaftete in 2009 einen Umsatz von 7,3 Mrd. US$. Der Schwerpunkt liegt in den Bereichen Optoelektronik – 76 Prozent des Gesamtumsatzes – ICs und Präzisionsmaschinen. Im CTSP sind derzeit sechs 12-Zoll-Wafer-Fabriken beheimatet, acht weitere sind geplant. Hier wird das weltweit dichteste Cluster an solchen Produktionsanlagen entstehen (GIO 2011:Abs. 9-10). Im Oktober 2011 befinden sich 128 Unternehmen im CTSP, von denen 96 in der Herstellung tätig sind. Insgesamt sind weiter 65 Firmenansiedlungen bereits genehmigt (CTSP 2011). Nachstehendes Diagramm 6 zeigt die prozentualen Anteile der Gesamteinnahmen der drei Parks im Jahr 2009.

Diagramm 6: Prozentuale Aufsplittung der Einnahmen der drei Science Parks 2009

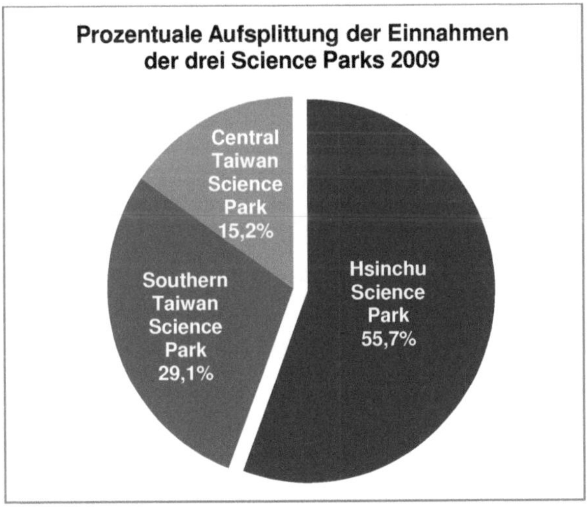

Quelle: eigene Darstellung, Datengrundlage: GIO 2011

Als Folge der globalen Finanzkrise sank die Summe der Einnahmen insgesamt um 13,89 Prozent auf 48 Mrd. US$ gegenüber dem Vorjahr. Bis heute haben sich die Parks wieder wirtschaftlich erholt. Die Branche der Integrierten Schaltkreise ist weiterhin an allen Standorten führend. Auf sie entfielen 50,6 Prozent der Gesamteinnahmen, gefolgt von der Optoelektronik-Branche mit 40,56 Prozent (GIO 2011:Abs. 2)

9   Fazit und Ausblick

Taiwan entwickelte sich schnell von einem Entwicklungs- zu einem Industriestaat. Die Wirtschaft Taiwans befindet sich im Übergang vom Produktions- zum Forschungs- und High-Tech-Standort. Taiwan wird bereits heute eine global unverzichtbare Rolle zugeteilt. „Its location in the centre of the Asia-Pacific region makes it an ideal geographic hub for worldwide transport and logistics" (AHK 2011:Location Advantage).

Der Staat spielte zwar eine zentrale Rolle bei den Anfängen der Technologiepolitik und auch beim Aufbau der Science Parks, doch heute gehört Taiwan zu den am stärksten marktwirtschaftlich orientierten, deregulierten Wirtschafträumen der Welt. Taiwan zeigt vor allem Stärken in der Halbleiterfertigung und darin internationale Wettbewerbsfähigkeit, wie in dieser Arbeit beschrieben wurde. Werksausfälle, wie am Beispiel des Erdbebens vom September 1999 erläutert, führen weltweit zu enormen Preissteigerungen bei elektronischen Komponenten. Dies verdeutlicht den enormen Einfluss Taiwans auf die Weltmarktpreise.

Der Fall des Hsinchu Science Parks und seinen taiwanischen Nachfolgern demonstriert die Wichtigkeit der Verbindung zwischen High-Tech-Clustern in einer zunehmend globalen Wirtschaft. „[...] it is widely recognized that the HSP is the driving force of [high]-tech industry development in Taiwan" (Lee/Yang 2000:58). Die taiwanische Erfahrung zeigt, dass die sozio-ökonomische Struktur technischer Gemeinschaften auf globaler Organisations- und Produktionsebene genauso wichtig ist wie auf lokaler Ebene.

Taiwan ist ein weiterer mächtiger Konkurrent auf dem globalen Markt, der auch zukünftig aufsteigen wird. Die Vereinigten Staaten, die Volksrepublik China und Japan profitieren erheblich von der Partnerschaft zu Taiwan aufgrund der historischen Beziehungen. Verstärkt wurde die Verbindung erst kürzlich durch die Verabschiedung des Economic Cooperation Framework Agreement mit dem chinesischen Festland und dem Comprehensive Investment Agreement mit Japan.

Die internationale Integration Taiwans ist somit noch in vollem Gange und es bleibt abzuwarten, ob beziehungsweise wann die Insel das wirtschaftliche Niveau global führender Industrienationen wie Deutschland, Norwegen oder den Vereinigten Staaten erreichen wird.

Literaturverzeichnis

Bundeszentrale für politische Bildung (bpb) (Hrsg.) (2009): *Taiwan. Auf dem Weg zur pluralistischen und multikulturellen Demokratie.* <http://www.bpb.de/themen/8OZTLB, 0,0,Taiwan.html> abgerufen am 27.11.2011.

Central Taiwan Science Park (CTSC) (Hrsg.) (2011): *Science Park Manufacturer Station in Statistic, Oct. 2011.* <http://www.ctsp.gov.tw/english/09statistics/sta_a01_main.aspx? v=20&fr=326&no=329&sn=1065> abgerufen am 26.11.2011.

Chen, T.-J. (2008): *The Emergence of Hsinchu Science Park as an IT Cluster.* In: Yusuf, S./ Nabeshima, K./ Yamashita, S. (Hrsg.) (2008): Growing Industrial Clusters in Asia. Serendipity and Science. Washington, D.C.: The World Bank, 67-89.

Department of Investment Services (DOIS), MOEA (Hrsg.) (2011): *Location of Science Parks.* <http://investtaiwan.nat.gov.tw/pic_eng/232_1.jpg> abgerufen am 01.11.2011.

Dieckheuer, G. (2001[5]): *Internationale Wirtschaftsbeziehungen.* München: Oldenbourg.

German Trade Office Taipei (AHK) (2011): *Country Info.* <http://www.taiwan.ahk.de/country -info/> diverse Unterseiten abgerufen am 24.11.2011.

Germany Trade & Invest (GTAI) (Hrsg.) (2011): *Taiwan schließt Investitionsabkommen mit Japan.* <https://www.gtai.de/DE/Content/__SharedDocs/Links-Datenbankabfragen/ chancen-konj/taiw-integrator.html> abgerufen am 27.11.2011.

Gälli, A./ Kögel, P. (1996): *Taiwan: Paria und Zauberlehrling vor neuer Bewährung.* In: Geographische Rundschau 48(12), 723-729.

Government Information Office (GIO), Republic of China (Taiwan) (Hrsg.) (2011): *About Taiwan. Science and Technology. Science Parks.* <http://www.taiwan.gov.tw/ct.asp? xItem=44956&ctNode=1906&mp=999> abgerufen am 26.11.2011.

Government Information Office (GIO), Republic of China (Taiwan) (Hrsg.) (2010a): *The Republic of China Yearbook 2010. Chapter 1: Geography. <http://www.gio.gov.tw/ taiwan-website/5-gp/yearbook/01Geography.pdf> abgerufen am 04.11.2011.*

Government Information Office (GIO), Republic of China (Taiwan) (Hrsg.) (2010b): *The Republic of China Yearbook 2010. Chapter 3: History. <http://www.gio.gov.tw/taiwan- website/5-gp/yearbook/03History.pdf> abgerufen am 04.11.2011.*

Government Information Office (GIO), Republic of China (Taiwan) (Hrsg.) (2010c): *The Republic of China Yearbook 2010. Chapter 9: Science and Technology. <http://www. gio.gov.tw/taiwan-website/5-gp/yearbook/09Science&Technology.pdf> abgerufen am 10.11.2011.*

Government Information Office (GIO), Republic of China (Taiwan) (Hrsg.) (2004): *The Course of Science and Technology Development.* <http://www.gio.gov.tw/info/taiwan- story/science/tw_s03.html> diverse Unterseiten abgerufen am 10.11.2011.

Haas, H.-D./ Neumair, S.-M. (2006): *Internationale Wirtschaft: Rahmenbedingungen, Akteure, räumliche Prozesse.* München: Oldenbourg.

Hobday, M. (1995): *Innovation in East Asia. The Challenge to Japan.* Cheltenham, UK, Lyme, US: Edward Elgar.

Hsinchu Science Park (HSP) (Hrsg.) (2011a): *Statistics. Yearly Report.* <http://www.sipa. gov.tw/english/home.jsp?serno=201005030003&mserno=201005030001&menudata= EnglishMenu&contlink=include/menu03.jsp> diverse Unterseiten abgerufen am 10.11.2011.

Hsinchu Science Park (HSP) (Hrsg.) (2011b): *About HSP.* <http://www.sipa.gov.tw/english /home.jsp?mserno=201003210003&serno=201003210003&menudata=EnglishMenu &contlink=include/menu02.jsp> diverse Unterseiten abgerufen am 17.11.2011.

Hsinchu Science Park (HSP) (Hrsg.) (2011c): *Statistics. Monthly Report.* <http://www.sipa. gov.tw/english/home.jsp?serno=201005030002&mserno=201005030001&menudata= EnglishMenu&contlink=ap/staticm.jsp&level2=Y> diverse Unterseiten abgerufen am 21.11.2011.

Hsinchu Science Park (HSP) (Hrsg.) (2010): *2010 Hsinchu Science Park Annual Report.* <http://www.sipa.gov.tw/english/file/20110701114055.pdf> abgerufen am 17.11.2011.

Koh, W. T. H. (2006): *The Role of Venture Capital and Entrepreneurship in Innovation-driven Economic Growth.* In: Butler, J. E./ Lockett, A./ Ucbasaran, D. (Hrsg.) (2006): Venture Capital and the Changing World of Entrepreneurship. Greenwich, Connecticut: Information Age Publishing, 47-73.

Kulke, E. (2006²): *Wirtschaftsgeographie.* Paderborn: Schöningh.

Lee, W.-H./ Yang, W.-T. (2000): *The cradle of Taiwan high technology industry development – Hsinchu Science Park (HSP).* In: Technovation 20(1), 55-59.

Ministry of Economic Affairs (MOEA), Department of Statistics (2011): *Domestic Statistics. Export Order [Monthly].* <http://2k3dmz2.moea.gov.tw/gnweb/English/Statistics/ wFrmEnStatistics.aspx> abgerufen am 24.11.2011.

National Science Council (NSC) (2011): *Science Parks – Common Statistics Form.* <https://nscnt12.nsc.gov.tw/WAS2/English/AsScienceParkE.aspx> diverse Tabellen abgerufen am 17.11.2011.

Rosenberg, D. (2002): *Cloning Silicon Valley. The next generation high-tech hotspots.* London: Reuters.

Saxenian, A./ Hsu, J.-Y. (2001): *The Silicon Valley-Hsinchu Connection: Technical Communities and Industrial Upgrading.* In: Industrial and Corporate Change (10)4, 893-920.

Skala, M. (2004): *Südostasien im Globalisierungsprozess. Entwicklungen und Perspektiven der regionalen Integration der ASEAN-Länder.* Wiesbaden: DUV.

Suberg, B. (1997): *Kleiner Tiger in der Höhle des Drachen. Die politischen Aspekte der Wirtschaftsbeziehungen zwischen Taiwan und dem chinesischen Festland.* Wiesbaden: Harrassowitz Verlag.

World Economic Forum (Hrsg.) (2009): *The Global Competitiveness Report 2009-2010.* <https://members.weforum.org/pdf/GCR09/GCR20092010fullreport.pdf> abgerufen am 26.11.2011.

Yang, D. Y.-R./ Hsu, J.Y./ Ching, C.-H. (2010): *Revisiting the Silicon Island? The Geographically Varied 'Strategic Coupling' in the Development of High-technology Parks in Taiwan.* In: Yeung, H. W.-C. (2010): Globalizing Regional Development in East Asia: Production, Networks, Clusters, and Entrepreneurship. London, New York: Routledge, 32-46.